上海市工程建设规范

园林绿化栽植土质量标准

Quality standard of landscape gardening soil

DG/TJ 08—231—2021
J 12562—2021

主编单位：上海市园林科学规划研究院
批准单位：上海市住房和城乡建设管理委员会
施行日期：2021 年 12 月 1 日

U0349709

同济大学出版社

2022　上海

图书在版编目(CIP)数据

园林绿化栽植土质量标准 / 上海市园林科学规划研
究院主编. 一上海:同济大学出版社,2022.3
ISBN 978-7-5765-0128-5

Ⅰ. ①园… Ⅱ. ①上… Ⅲ. ①园林-绿化种植-土质
-质量标准-上海 Ⅳ. ①S732.51-65

中国版本图书馆 CIP 数据核字(2022)第 005578 号

园林绿化栽植土质量标准

上海市园林科学规划研究院　主编

策划编辑　张平官

责任编辑　朱　勇

责任校对　徐春莲

封面设计　陈益平

出版发行　同济大学出版社　　www.TongjiPress.com.cn
　　　　　(地址:上海市四平路 1239 号　邮编:200092　电话:021-65985622)

经　　销　全国各地新华书店

印　　刷　浦江求真印务有限公司

开　　本　889mm×1194mm　1/32

印　　张　1

字　　数　27 000

版　　次　2022 年 3 月第 1 版　　2022 年 3 月第 1 次印刷

书　　号　ISBN 978-7-5765-0128-5

定　　价　15.00 元

上海市住房和城乡建设管理委员会文件

沪建标定〔2021〕511号

上海市住房和城乡建设管理委员会
关于批准《园林绿化栽植土质量标准》为
上海市工程建设规范的通知

各有关单位:

由上海市园林科学规划研究院主编的《园林绿化栽植土质量标准》。经我委审核,现批准为上海市工程建设规范,统一编号为DG/TJ 08—231—2021,自2021年12月1日起实施。原《园林绿化栽植土质量标准》DG/TJ 08—231—2013同时废止。

本规范由上海市住房和城乡建设管理委员会负责管理,上海市园林科学规划研究院负责解释。

特此通知。

上海市住房和城乡建设管理委员会

二〇二一年八月十日

前　言

　　根据上海市住房和城乡建设管理委员会《关于印发〈2019年度上海市工程建设规范和标准设计编制计划〉的通知》（沪建标定〔2018〕753号）的要求，由上海市园林科学规划研究院在总结《园林绿化栽植土质量标准》DG/TJ 08—231—2013实施以来的经验，深入研究，广泛征求各方意见的基础上修订而成本标准。

　　本标准的主要内容有：总则；术语；园林绿化栽植土质量；采样方法；检测方法。

　　本标准修订的主要内容有：调整了标准框架结构；删除了保护地栽植土质量要求，增加了苗圃地栽植土要求；删除了营养指标要求和安全指标要求，改为直接引用现行国家标准《土壤环境质量　农用地土壤污染风险管控标准（试行）》GB 15618和现行行业标准《绿化种植土壤》CJ/T 340。

　　各单位及相关人员在执行本标准过程中，如有意见和建议，请反馈至上海市绿化和市容管理局（地址：上海市胶州路768号；邮编：200040；E-mail：kjxxc@lhsr.sh.gov.cn），上海市园林科学规划研究院（地址：上海市龙吴路899号；邮编：200232；E-mail：shylkxyjs@163.com），上海市建筑建材业市场管理总站（地址：上海市小木桥路683号；邮编：200032；E-mail：shgcbz@163.com），以供今后修订时参考。

　　主 编 单 位：上海市园林科学规划研究院

　　参 编 单 位：上海世博文化公园建设管理有限公司

　　　　　　　　　上海奉贤园林绿化工程有限公司

　　主要起草人：张　琪　毕华松　梁　晶　伍海兵　郝瑞军

　　　　　　　　　李　玮　顾　芳　韩继刚　贾　虎　周爱平

马　想　于全波　张　峰　陈　平　赵　青
陶晓杰
主 要 审 查 人:傅徽楠　周丕生　吴淑杭　金海洋　彭贵平
孙彦伟　周艺峰

上海市建筑建材业市场管理总站

目　次

Contents

1 总　则

1.0.1 为贯彻可持续发展理念,进一步提升园林绿化植物栽植水平,充分体现园林绿化植物的生态景观效果,确保绿化土壤质量适应园林绿化多样化植物健康生长的需要,制定本标准。

1.0.2 本标准适用于花坛栽植土、花境栽植土、行道树栽植土、草坪栽植土、容器栽植土、苗圃地栽植土、立体绿化栽植土的质量控制,其他绿化栽植土及绿化养护工程的栽植土在技术条件相同时也可适用。

1.0.3 园林绿化栽植土的质量控制,除应符合本标准外,还应符合国家、行业和本市现行有关标准的规定。

2 术 语

2.0.1　园林绿化栽植土　landscape gardening soil

　　用于花坛栽植、花境栽植、行道树栽植、草坪栽植、容器栽植、苗圃地栽植、立体绿化栽植等不同类型园林绿化景观建设所使用的自然土壤或人工配制土壤。

2.0.2　土壤酸碱度　soil acidity and alkalinity

　　土壤溶液的酸碱性强弱程度,用土壤溶液中氢离子浓度的负对数表示,即 pH 值＝－log[H^+],简称土壤 pH 值。

2.0.3　土壤电导率　soil electric conductivity

　　土壤溶液中可溶性离子的总量,用 EC 值表示,单位为毫西门子每厘米(mS/cm)。

2.0.4　土壤有机质　soil organic matter

　　土壤中所有含碳的有机物质,包括土壤中各种动、植物残体、微生物体及其分解和合成的各种有机物质,单位为克每千克(g/kg),简称有机质。

2.0.5　非毛管孔隙度　air porosity

　　土壤中直径大于 0.1 mm 的孔隙占总孔隙的比例,用百分率(%)表示,这类孔隙没有毛管作用,充满空气,称非毛管孔隙,也称通气孔隙。

2.0.6　干密度　dry density

　　土壤在自然结构状态下,单位体积内的烘干土重,单位为兆克每立方米(Mg/m^3)。

2.0.7　最大湿密度　maximum wet density

　　土壤在最大持水量状态下,单位体积内的湿土重,单位为兆克每立方米(Mg/m^3)。

2.0.8 有效土层 effective soil horizon

能提供植物根系正常生长发育的土壤,有效土层厚度的单位为厘米(cm)。

2.0.9 土壤质地 soil texture

对土壤中不同粒级土粒(黏粒、粉砂粒、砂粒)组成比例的综合度量。

2.0.10 石砾 gravel

有效粒径介于 2 mm~20 mm 的石粒。

3 园林绿化栽植土质量

3.1 一般规定

3.1.1 园林绿化栽植土应疏松、无异味且无大于 20 mm 的石块、砖块等不可降解的外来物料。建筑垃圾和有害物质严禁混入园林绿化栽植土。

3.1.2 园林绿化栽植土发芽指数应大于 80%。

3.1.3 园林绿化栽植土水解性氮、有效磷、速效钾和阳离子交换量(CEC)要求应符合现行行业标准《绿化种植土壤》CJ/T 340 的规定。

3.1.4 重金属镉、汞、砷、铅、铬、铜、镍、锌元素总量、有机污染物苯并[a]芘四种衍生物含量总和应符合现行国家标准《土壤环境质量 农用地土壤污染风险管控标准(试行)》GB 15618 风险筛选值的规定。

3.1.5 不透水层上栽植植物时,栽植土应具有良好的蓄水能力,且能顺畅排水。

3.1.6 园林绿化栽植土发生检疫性病虫害或病害严重时,应进行土壤消毒。

3.2 花坛花境栽植土质量

3.2.1 花坛栽植土、花境栽植土的基本指标应符合表 3.2.1 的要求。

表 3.2.1 花坛栽植土、花境栽植土的基本指标

类型	pH 值	EC 值 (mS/cm)	有机质 (g/kg)	有效土层厚度 (cm)	石砾含量 (%)
花坛	5.0～7.5	0.20～0.80	≥30	≥30	0
花境	5.0～8.0	0.20～0.80	≥25	≥50	≤10

3.2.2 花坛栽植土干密度不应大于 1.25 Mg/m³,非毛管孔隙度不应小于 10%。

3.3 行道树栽植土质量

3.3.1 行道树栽植土可分为穴状栽植土和带状栽植土。

3.3.2 行道树栽植土有效土层厚度不应小于 100 cm,穴状栽植土有效土层长度不应小于 150 cm,宽度不应小于 125 cm。

3.3.3 行道树栽植土的基本指标应符合表 3.3.3 的要求。

表 3.3.3 行道树栽植土的基本指标

类型	pH 值	EC 值 (mS/cm)	有机质 (g/kg)	土壤质地	石砾含量 (%)
穴状	5.0～8.0	0.20～0.8	≥20	砂壤土、粉砂壤土、壤土	≤10
带状	5.0～8.3	0.10～0.8	≥15		

3.4 草坪栽植土质量

3.4.1 草坪栽植土可分为观赏草坪栽植土和运动草坪栽植土。

3.4.2 草坪栽培土的基本指标应符合表 3.4.2 的要求。

表 3.4.2　草坪栽植土的基本指标

类型	pH 值	EC 值 （mS/cm）	有效土层厚度 （cm）	土壤质地
观赏草坪	6.5～7.5	0.10～0.80	≥25	壤土、砂土
运动草坪		0.10～0.50		砂土

3.4.3 草坪籽播时，土块应小于 10 mm 且不应有石砾。

3.5　容器栽植土质量

3.5.1 容器栽植土可分为通用栽植土和喜酸性栽植土。

3.5.2 容器栽植土宜进行消毒。

3.5.3 容器栽植土应无石砾、无残留根系和杂物等。

3.5.4 容器栽植土的基本指标应符合表 3.5.4 的要求。

表 3.5.4　容器栽植土的基本指标

类型	pH 值	EC 值 （mS/cm）	有机质 （g/kg）
通用	6.5～7.5	0.15～1.00	≥35
喜酸性	5.0～6.5	0.15～1.50	

3.6　苗圃地栽植土质量

3.6.1 苗圃地栽植土可分为地栽苗栽植土和容器苗栽植土。

3.6.2 容器苗栽植土的质量应符合本标准第 3.5 节的规定。

3.6.3 地栽苗栽植土的基本指标应符合表 3.6.3 的要求。

表 3.6.3　地栽苗栽植土的基本指标

pH 值	EC 值 (mS/cm)	有机质 (g/kg)	干密度 (Mg/m³)	非毛管孔隙度 (%)	有效土层厚度 (cm)		石砾含量 (%)
					乔木	灌木	
5.0～8.0	0.20～0.90	≥20	≤1.35	≥5	≥100	≥60	≤15

3.7　立体绿化栽植土质量

3.7.1　立体绿化栽植土应满足承载物荷载要求。

3.7.2　立体绿化中以容器形式种植时，栽植土质量应符合本标准第 3.5 节的规定。

3.7.3　屋顶绿化栽植土的基本指标应符合表 3.7.3 的要求。

表 3.7.3　屋顶绿化栽植土的基本指标

pH 值	EC 值 (mS/cm)	有机质 (g/kg)	干密度 (Mg/m³)	最大湿密度 (Mg/m³)	非毛管孔隙度 (%)	有效土层厚度 (cm)	石砾含量 (%)
5.0～7.8	0.10～1.00	≥35	≤0.6	≤1.0	≥10	小乔木、大灌木≥60 小灌木≥30 草本≥10	0

4 采样方法

4.1 采样方式

4.1.1 样地应具有代表性。

4.1.2 采样方式宜采用"S"形方式采样;穴状行道树、容器等单独种植形式的栽植土宜采用"单点"方式采样。将所采土样进行多点混合,然后用四分法,对角线分取,每个混合土样宜保留1 kg。

4.1.3 环刀采样方法应按现行行业标准《森林土壤水分-物理性质的测定》LY/T 1215 执行。

4.1.4 采样人员应经相关培训。采样应见证取样,由建设单位或委托监理单位、设计单位、施工单位相关人员参加。

4.2 采样密度

4.2.1 花坛、花境、容器和立体绿化宜以 50 m^2 ~100 m^2 采集1个混合样。

4.2.2 地栽苗圃和草坪以 1 000 m^2 ~2 000 m^2 采集1个混合样。

4.2.3 穴状行道树应按 10 棵~15 棵树一组进行样品采集;带状行道树应按 500 m~1 000 m 间距采集1个混合样。

4.2.4 每个混合样应至少采集 5 个~8 个样点。

4.2.5 采样密度可根据需要适当增加。

4.3 采样深度

4.3.1 种植地被、藤本、草本、花卉类的栽植土宜采集 0 cm～30 cm。

4.3.2 种植乔、灌木应采集 0 cm～30 cm、30 cm～60 cm 两层。

4.3.3 种植珍贵树木时,应采集更深的层次。

4.4 采样步骤

4.4.1 应准备标签 2 张,标签上内容包括地点、日期、深度、类别、采样人等。一张贴在袋外,另一张放入采样袋内。

4.4.2 应除去表面浮土,垂直向下按要求分层取样。

4.4.3 应按本标准检测分析法规定进行取样。

5 检测方法

5.0.1 栽植土的检测应采用现行标准。

5.0.2 栽植土的检测方法应符合表 5.0.2 的规定。

表 5.0.2 栽植土的检测方法

序号	项目	检测方法	方法来源
1	土壤酸碱度(pH 值)	电位法(2.5∶1)	LY/T 1239
2	电导率(EC 值)	电导法(5∶1)	LY/T 1251
3	有机质	重铬酸钾氧化-外加热法	LY/T 1237
4	水解性氮	碱解-扩散法	LY/T 1229
5	有效磷	钼锑抗比色法	LY/T 1233
6	速效钾	火焰光度法	LY/T 1236
7	阳离子交换量(CEC)	乙酸铵交换法(酸性和中性土壤)氯化铵-乙酸铵交换法(酸性和中性土壤)	LY/T 1243
8	干密度	环刀法	LY/T 1215
9	最大湿密度	环刀法	GB/T 33891
10	非毛管孔隙度	环刀法	LY/T 1215
11	土壤质地	密度计法	LY/T 1225
12	发芽指数	生物毒性法	CJ/T 340
13	有效土层	米尺测量法	—
14	石砾含量	筛分-重量法	CJ/T 340
15	镉	石墨炉原子吸收分光光度法	GB/T 17141

续表5.0.2

序号	项目	检测方法	方法来源
16	汞	原子荧光法	GB/T 22105.1
		微波消解/原子荧光法	HJ 680
		冷原子吸收分光光度法	GB/T 17136
		催化热解-冷原子吸收分光光度法	HJ 923
17	砷	原子荧光法	GB/T 22105.2
		微波消解/原子荧光法	HJ 680
		王水提取-电感耦合等离子体质谱法	HJ 803
18	铅	石墨炉原子吸收分光光度法	GB/T 17141
		波长色散 X 射线荧光光谱法	HJ 780
19	铬	火焰原子吸收分光光度法	HJ 491
		波长色散 X 射线荧光光谱法	HJ 780
20	铜	火焰原子吸收分光光度法	GB/T 17138
		波长色散 X 射线荧光光谱法	HJ 780
21	镍	火焰原子吸收分光光度法	GB/T 17139
		波长色散 X 射线荧光光谱法	HJ 780
22	锌	火焰原子吸收分光光度法	GB/T 17138
		波长色散 X 射线荧光光谱法	HJ 780
23	苯并[a]芘	气相色谱-质谱法	HJ 805
		高效液相色谱法	HJ 784
		气相色谱-质谱法	HJ 834

本标准用词说明

1　为便于在执行本标准条文时区别对待,对要求严格程度不同的用词说明如下:

　　1) 表示很严格,非这样做不可的用词:

　　　　正面词采用"必须";

　　　　反面词采用"严禁"。

　　2) 表示严格,在正常情况下均应这样做的用词:

　　　　正面词采用"应";

　　　　反面词采用"不应"或"不得"。

　　3) 表示允许稍有选择,在条件许可时首先应这样做的用词:

　　　　正面词采用"宜";

　　　　反面词采用"不宜"。

　　4) 表示有选择,在一定条件下可以这样做的用词,采用"可"。

2　条文中指明应按其他有关标准执行时的写法为"应符合……的规定"或"应按……执行"。

引用标准名录

1 《土壤环境质量 农用地土壤污染风险管控标准(试行)》GB 15618

2 《土壤质量 总汞的测定 冷原子吸收分光光度法》GB/T 17136

3 《土壤质量 铜、锌的测定 火焰原子吸收分光光度法》GB/T 17138

4 《土壤质量 镍的测定 火焰原子吸收分光光度法》GB/T 17139

5 《土壤质量 铅、镉的测定 石墨炉原子吸收分光光度法》GB/T 17141

6 《土壤质量 总汞、总砷、总铅的测定 原子荧光法》GB/T 22105

7 《绿化用有机基质》GB/T 33891

8 《绿化种植土壤》CJ/T 340

9 《土壤 总铬的测定 火焰原子吸收分光光度法》HJ 491

10 《土壤和沉积物 汞、砷、硒、铋、锑的测定 微波消解/原子荧光法》HJ 680

11 《土壤和沉积物 无机元素的测定 波长色散 X 射线荧光光谱法》HJ 780

12 《土壤和沉积物 多环芳烃的测定高效液相色谱法》HJ 784

13 《土壤和沉积物 12 种金属元素的测定王水提取-电感耦合等离子体质谱法》HJ 803

14 《土壤和沉积物　多环芳烃的测定　气相色谱-质谱法》HJ 805

15 《土壤和沉积物　半挥发性有机物的测定　气相色谱-质谱法》HJ 834

16 《土壤和沉积物　总汞的测定　催化热解-冷原子吸收分光光度法》HJ 923

17 《森林土壤水分-物理性质的测定》LY/T 1215

18 《森林土壤颗粒组成(机械组成)的测定》LY/T 1225

19 《森林土壤水解性氮的测定》LY/T 1229

20 《森林土壤有效磷的测定》LY/T 1233

21 《森林土壤速效钾的测定》LY/T 1236

22 《森林土壤 pH 值的测定》LY/T 1239

23 《森林土壤阳离子交换量的测定》LY/T 1243

24 《森林土壤水溶性盐分分析》LY/T 1251

上海市工程建设规范

园林绿化栽植土质量标准

DG/TJ 08—231—2021
J 12562—2021

条文说明

2022 上海

目 次

Contents

1　总　则

1.0.1　本条阐述了制定本标准的目的、意义。

1.0.2　本条规定了本标准的适用范围,细化了适用对象。为满足现阶段园林绿化栽植需求,在原标准的基础上,删除了保护地栽植土,增加了苗圃地栽植土。

2 术 语

2.0.1 为与现行上海市地方标准《园林绿化工程种植土壤质量验收规范》DB31/T 769 区分,本标准增加了术语"园林绿化栽植土",本标准园林绿化栽植土主要针对不同类型的园林绿化景观需求。

2.0.3 明确了本标准土壤含盐量采用电导法测定,电导法直接用电导率即 EC 值表示,单位为毫西门子每厘米(mS/cm)。

2.0.10 土壤学规定粒径大于 2 mm 的石粒为石砾,本标准为了更具操作性,规定了石砾有效粒径的上限为 20 mm。

3 园林绿化栽植土质量

3.1 一般规定

3.1.1 本条规定了园林绿化栽植土的定性要求。

3.1.2 不同类型的园林绿化景观营建均对园林绿化栽植土的质量要求较高,因此本标准规定园林栽植土发芽指数应大于80%。

3.1.3 本标准规定在满足关键指标的基础上,其肥力指标要求按照现行行业标准《绿化种植土壤》CJ/T 340 执行。

3.1.4 重金属、苯并[a]芘等安全指标要求按照现行国家标准《土壤环境质量 农用地土壤污染风险管控标准(试行)》GB 15618 执行。

3.1.5 本标准规定不透水层上栽植植物时,栽植土应能顺畅排水。

3.2 花坛花境栽植土质量

3.2.1 由于花坛、花境的表现形式不同,种植的花卉类型、所处的位置不同,花坛、花镜栽植土的质量要求不同。

3.2.2 由于花境多为公园绿地、公共绿地组合种植,其栽植土会受到人为压实、碾压等,故本标准未对栽植土密度、非毛管孔隙度等进行规定。

3.3 行道树栽植土质量

3.3.1 行道树主要分为穴状和带状两种栽植形式。

3.3.2 鉴于穴状行道树后期再进行改善的难度更大,因此,对其有效土层长度、宽度、深度进行了规定;由于带状行道树的宽度、长度会根据其所处地理位置或设计要求进行变动,具有不可控性,故本标准对其种植深度进行规定,要求其必须不小于100 cm。

3.3.3 由于穴状较带状行道树栽植条件更加苛刻,且后期二次改造难度更大,因此,对其栽植土质量规定时,要求穴状较带状行道树栽植土质量好。根据上海市城市维护项目土壤质量监测数据,并参考现行行业标准《绿化种植土壤》CJ/T 340,形成了相应的技术指标和限值要求。行道树栽植土在本标准规定的有效土层范围外部分,若设置结构土,可参考现行上海市地方标准《硬质路面绿化用结构土配制和应用技术规范》DB31/T 1198 中绿化结构土的规定,不受本标准约束。

3.4 草坪栽植土质量

3.4.1 草坪主要分为观赏草坪和运动草坪两种形式。

3.4.2 根据两种草坪营养需求不同,对 EC 值进行了限值区分;此外,根据栽植两种草坪的目的,也分类明确了质地类型。

3.5 容器栽植土质量

3.5.3 杂物主要指由于人为扰动而侵入土体中的外来物,如塑料、建筑垃圾等。

3.5.4 容器栽植土大多添加大量有机基质。为满足种植的园林绿化植物需求,进行了通用和喜酸性两大类型的分类,并突出其在酸碱性(pH 值)和营养(EC 值)上的不同,同时要求不应含有石砾。

3.6 苗圃地栽植土质量

3.6.3 以往用于苗圃地的多为农田土壤,但随着城市化的快速发展,现用于苗圃地营建的多为废弃地、棕地等,因此其栽植土质量较差,但由于地栽苗圃地人为管理较一般绿地精细,因此其栽植土的质量要求也比一般绿地要求高,其指标限值参考现行行业标准《绿化种植土壤》CJ/T 340进行了调整和优化。

3.7 立体绿化栽植土质量

3.7.1 本条规定了立体绿化栽植土应满足荷载要求的前提条件。

3.7.2 由于立体绿化类型较多,但多以容器种植居多,因此,规定容器种植符合容器栽植土质量要求。对于其他种植形式可参考本标准的其他形式或现行行业标准《绿化种植土壤》CJ/T 340。

3.7.3 重点对屋顶绿化栽植土进行了规定,考虑了干密度和最大湿密度的区分。屋顶绿化需要考虑建筑物的载荷强度,故对最大湿密度进行了规定。与容器栽植土和地栽苗圃地栽植土相比,相同指标项的参数要求更高,是因为屋顶绿化位置特殊,较难养护和改造,故要求其栽植土本身具有较高质量。